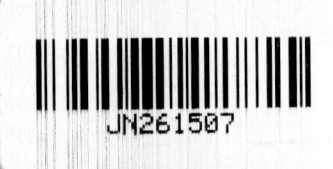

科学のアルバム
かがやくいのち

ミツバチ

花《はな》にあつまる昆虫《こんちゅう》

藤丸篤夫

監修／岡島秀治

あかね書房

科学のアルバム かがやくいのち

ミツバチ 花《はな》にあつまる昆虫《こんちゅう》 もくじ

藤丸篤夫《ふじまるあつお》

昆虫生態写真家《こんちゅうせいたいしゃしんか》。1953年東京生《ねんとうきょうう》まれ。育英工業高《いくえいこうぎょうこう》等専門学校《とうせんもんがっこう》グラフィック工業科卒業《こうぎょうかそつぎょう》。『ファーブル昆虫記《こんちゅうき》』と『自然観察者《しぜんかんさつしゃ》の手記《しゅき》』との出会《であ》いをきっかけに、自然写真《しぜんしゃしん》の道《みち》に入《はい》る。身近《みぢか》な昆虫《こんちゅう》の生態《せいたい》や昆虫《こんちゅう》と植物《しょくぶつ》の関係《かんけい》を追《お》って撮影《さつえい》し、児童向《じどうむ》けの科学《かがく》雑誌《ざっし》や書籍《しょせき》、図鑑《ずかん》などに発表《はっぴょう》している。おもな著書《ちょしょ》に『花《はな》の虫《むし》さがし』『いろんな場所《ばしょ》の虫《むし》さがし』『たくさんのふしぎ・ノイバラの虫《むし》たち』(福音館書店《ふくいんかんしょてん》)、『ミツバチ観察図鑑《かんさつずかん》』『オトシブミ観察図鑑《かんさつずかん》』(偕成《かいせい》社《しゃ》) などがある。

●

ハチというと、おおくの人《ひと》はミツバチをはじめに思《おも》いうかべるのではないでしょうか。ミツバチは古《ふる》くから人《ひと》と関係《かんけい》があり、人《ひと》の役《やく》に立《た》ってきました。養蜂《ようほう》がはじまったのは古代《こだい》エジプト時代《じだい》といわれ、巣《す》からみつをとっている人《ひと》のようすは、1万年前《まんねんまえ》の壁画《へきが》にすでに描《えが》かれています。私《わたし》たちが今《いま》たくさんのきれいな花《はな》を目《め》にしたり、野《や》菜《さい》や果物《くだもの》を食《た》べられるのも、ミツバチをはじめ、ハナバチとよばれるハチたちのおかげともいえます。ハチのことを深《ふか》く知《し》らなくてもかまいません。本《ほん》をみてくれた人《ひと》が、はちみつはただの花《けな》のみつではなくミツバチがつくったものだということを知《し》り、花《はな》に来《き》ているハチたちをこわがらずにみてくれるようになれば、うれしいです。

岡島秀治《おかじましゅうじ》

東京農業大学教授《とうきょうのうぎょうだいがくきょうじゅ》・農学部長《のうがくぶちょう》・農学研究所長《のうがくけんきゅうしょちょう》。1950年大阪生《ねんおおさかう》まれ。東京農業大学大学院農学研究《とうきょうのうぎょうだいがくだいがくいんのうがくけんきゅう》科修了《かしゅうりょう》。農学博士《のうがくはくし》。専門《せんもん》は昆虫学《こんちゅうがく》で、アザミウマ目《もく》の分類《ぶんるい》や天敵《てんてき》に関《かん》する研究《けんきゅう》を中心《ちゅうしん》に、幅広《はばひろ》く昆虫《こんちゅう》をみつめ、コウチュウ目《もく》などにも造詣《ぞうけい》が深《ふか》い。100編《ぺん》をこえる学術論文《がくじゅつろんぶん》のほか、昆虫《こんちゅう》に関《かん》する図鑑類《ずかんるい》、解《かい》説書《せつしょ》や絵本《えほん》など、啓蒙書《けいもうしょ》を中心《ちゅうしん》に多数《たすう》の著書《ちょしょ》・監修《かんしゅう》書《しょ》がある。

●

春《はる》のサクラやナノハナにはじまり、私《わたし》たちのまわりには年中《ねんじゅう》いろんな花《はな》がさいている。野山《のやま》にも、町中《まちなか》の公園《こうえん》にも、学校《がっこう》や家《いえ》の花壇《かだん》にも。そんな花《はな》をみると、そこでせっせとはたらく「はたらき者《もの》」に出会《であ》うことができる。ミツバチだ。花《はな》から花《はな》へと飛《と》びまわり、みつや花粉《かふん》をあつめている。あつめたみつや花粉《かふん》を巣《す》に持《も》ち帰《かえ》り、はちみつをつくる。はちみつは幼虫《ようちゅう》の食《た》べ物《もの》だ。そんな「はたらき者《もの》」のおもしろい生態《せいたい》を調《しら》べてみよう。でも、さすことがあるので、さわったりおどかしたりしないよう、そっと観察《かんさつ》しよう!

第《だい》1章《しょう》 花《はな》と虫《むし》たち

春《はる》のあたたかな日《ひ》ざしをあびて、畑《はたけ》のまわりや野原《のはら》には、タンポポやナノハナ、ハルジオンなど、いろいろな花《はな》がさきはじめます。そして、それにあわせ、ハチやアブ、チョウ、テントウムシなど、冬《ふゆ》のあいだみられなかった虫《むし》たちも、動《うご》きはじめます。

■野原《のはら》にさいているタンポポにやってきたセイヨウミツバチ。

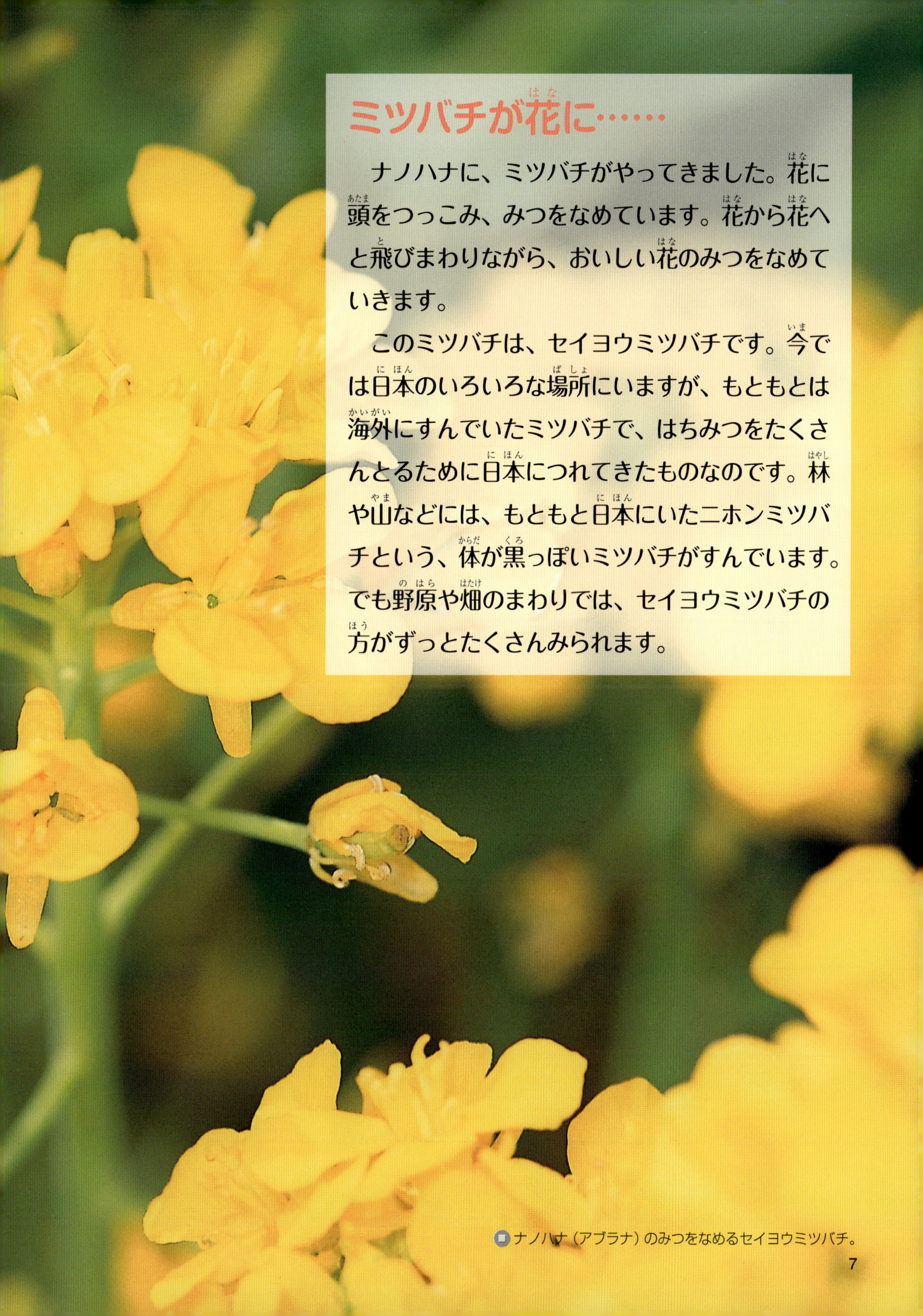

ミツバチが花《はな》に……

ナノハナに、ミツバチがやってきました。花《はな》に頭《あたま》をつっこみ、みつをなめています。花《はな》から花《はな》へと飛《と》びまわりながら、おいしい花《はな》のみつをなめていきます。

このミツバチは、セイヨウミツバチです。今《いま》では日本《にほん》のいろいろな場所《ばしょ》にいますが、もともとは海外《かいがい》にすんでいたミツバチで、はちみつをたくさんとるために日本《にほん》につれてきたものなのです。林《はやし》や山《やま》などには、もともと日本《にほん》にいたニホンミツバチという、体《からだ》が黒《くろ》っぽいミツバチがすんでいます。でも野原《のはら》や畑《はたけ》のまわりでは、セイヨウミツバチの方《ほう》がずっとたくさんみられます。

■ナノハナ（アブラナ）のみつをなめるセイヨウミツバチ。

花粉《かふん》がたくさんついたセイヨウミツバチ。花《はな》のおくに頭《あたま》をつっこむとき、体《からだ》が花《はな》のおしべにふれ、花粉《かふん》がつきます。

花粉《かふん》まみれのミツバチ

野原《のはら》にさいているいろいろな花《はな》に、ミツバチが頭《あたま》や体《からだ》をもぐりこませています。動《うご》きまわっているうちに、体《からだ》じゅうが花《か》粉《ふん》まみれになるミツバチもいます。

ミツバチは、体《からだ》についたたくさんの花《か》粉《ふん》を後《うし》ろあしでじょうずにかきあつめて、だんごのようなかたまりにします。ミツバチの後《うし》ろあしには、毛《け》がブラシのようにならんでいます。この毛《け》で体《からだ》をなでて、体《からだ》についた花粉《かふん》をすきとってあつめるのです。そして、後《うし》ろあしのすねの部分《ぶぶん》にくっつけていきます。

あつめた花粉《かふん》は、すねにある花粉《かふん》かごという場所《ばしょ》につめられます。たくさんの花《はな》をおとずれたミツバチの花粉《かふん》かごには、大《おお》きな花粉《かふん》のかたまりがついています。

セイヨウミツバチの体《からだ》には、細《こま》かい毛《け》がたくさんはえていて、花粉《かふん》はこの毛《け》にくっつきます。

セイヨウミツバチの花粉《かふん》かご（矢印《やじるし》）。花粉《かふん》かごは後《うし》ろあしのすねの表側《おもてがわ》にあります。長《なが》い毛《け》でかこまれていて、つめこまれた花粉《かふん》のかたまりがくっついて、落《お》ちないようになっています。

花粉《かふん》かごに花粉《かふん》のかたまり（花粉《かふん》だんご）をつけているセイヨウミツバチ。

花《はな》をたすけるミツバチ

花粉《かふん》がめしべにつくことを受粉《じゅふん》といいますが、花《はな》は受粉《じゅふん》することで実《み》をつくることができるようになります。ミツバチは、みつがたくさんある花《はな》の種類《しゅるい》をおぼえていて、その花《はな》をえらんで、次《つぎ》から次《つぎ》へとみつをあつめていきます。このとき、ミツバチの体《からだ》についていた同《おな》じ種類《しゅるい》の花《はな》の花粉《かふん》が、めしべにつくことがあります。

つまりミツバチは、自分《じぶん》たちに必要《ひつよう》なみつや花《か》粉《ふん》を花《はな》からもらうかわりに、花《はな》の受粉《じゅふん》をたすけていることになります。リンゴやイチゴなどの果物《くだもの》や、カボチャなどの野菜《やさい》をつくる農家《のうか》では、ミツバチの力《ちから》をかりて花《はな》を受粉《じゅふん》させ、作物《さくもつ》を育《そだ》てているところが、たくさんあります。

△ 花粉《かふん》を出《だ》すコスモスの花《はな》。虫《むし》の体《からだ》がおしべにふれたときに花粉《かふん》がふきだし、体《からだ》につきやすくしています。

△ リンゴ畑《ばたけ》におかれたセイヨウミツバチの巣箱《すばこ》。ミツバチを飼《か》って、リンゴの実《み》がなるようにしています。

▲リンゴの花《はな》のみつをすうセイヨウミツバチ。リンゴの花《はな》は、ハチなどの虫《むし》に花粉《かふん》がはこばれることでめしべにつき、受粉《じゅふん》します。

ミツバチがいなくなる

セイヨウミツバチは、はちみつなどをつくったり、農《のう》業《ぎょう》に使《つか》うために、世界中《せかいじゅう》のさまざまな場所《ばしょ》で飼《か》われています。ところが、2005年《ねん》くらいから、飼《か》われている巣《す》箱《ばこ》からミツバチがどんどんいなくなり、ひどい場合《ばあい》には巣《す》が全滅《ぜんめつ》してしまうというふしぎな事件《じけん》が、世界各地《せかいかくち》でおこっています。

とてもたくさんのミツバチがいなくなっていることで、作物《さくもつ》を受粉《じゅふん》させることができず、農業《のうぎょう》にも大《おお》きな影響《えいきょう》が出《で》てきています。寄生虫《きせいちゅう》やウィルス、殺虫剤《さっちゅうざい》などの化学《かがく》物質《ぶっしつ》が原因《げんいん》ではないかといわれていますが、はっきりしたことはまだわかっていません。

花《はな》にとまってみつをすっているベニシジミ。

虫《むし》たちをよぶ花《はな》

野原《のはら》の花《はな》には、ミツバチ以外《いがい》にも、いろいろな虫《むし》がみつや花粉《かふん》をもとめてきます。虫《むし》に花粉《かふん》をはこんでもらう花《はな》は、虫《むし》をよぶために、めだつ形《かたち》や色《いろ》の花《はな》びらをもち、虫《むし》が好《す》きなにおいを出《だ》しています。また、虫《むし》の体《からだ》に花粉《かふん》がうまくつくように、花《はな》のおくからみつを出《だ》したり、みつの場《ば》所《しょ》をしめす印《しるし》をもっている花《はな》もあります。

△みつをすうスキバホウジャク。昼間《ひるま》に飛《と》びまわるガで、スズメバチにすがたをにせています。

△花粉《かふん》をたべるヤブキリの幼虫《ようちゅう》。成虫《せいちゅう》になると昆虫《こんちゅう》をたべますが、小《ちい》さいうちは花粉《かふん》や花《はな》びらなどをよくたべます。

△花粉《かふん》をたべるコアオハナムグリ。いろいろな花《はな》にやってきて、花粉《かふん》をはこぶやくめもします。

△花粉《かふん》をなめるホソヒラタアブ。いろいろな花《はな》のみつや花粉《かふん》をなめます。

△花《はな》のみつをなめるアカハナカミキリ。白《しろ》い花《はな》によくあつまり、花粉《かふん》をたべたり、みつをなめたりします。

△みつをなめるクロヤマアリ。アリのなかまのおおくは、みつをなめに花《はな》にやってきます。

△花粉《かふん》をたべるヒメマルカツオブシムシ。幼虫《ようちゅう》は洋服《ようふく》などをくいあらしますが、成虫《せいちゅう》は花粉《かふん》をたべます。

草花《くさばな》の茎《くき》からしるをすうアブラムシとそれをたべるナナホシテントウ。

花《はな》の上《うえ》でかりをする虫《むし》

花《はな》には、花粉《かふん》やみつなどをたべるために、さまざまな種類《しゅるい》の虫《むし》たちが、たくさんあつまってきます。でも、そこにはおいしい食《た》べ物《もの》があるだけでなく、それをたべにくる虫《むし》にとってこわい敵《てき》もいます。

ハナグモやアズチグモなどのあみをはらないクモは、花《はな》の上《うえ》や花《はな》びらのかげにかくれて、やってくる虫《むし》をまちぶせてつかまえます。また、カマキリのなかまや、キリギリスのなかまも、茎《くき》や葉《は》の上《うえ》でえものになる虫《むし》をまちぶせています。ナナホシテントウやナミテントウは、草花《くさばな》のしるをすうアブラムシをたべるために、花《はな》にやってきます。

花《はな》にあつまる虫《むし》をたべる虫《むし》にとっては、花《はな》がさいている場所《ばしょ》は、えものがたくさんいる、とてもよいかりの場所《ばしょ》になっているのです。

ミツバチをつかまえたハナグモ。体《からだ》の色《いろ》が花《はな》びらによくにているので、花《はな》の上《うえ》でじっとしていると、なかなか気《き》づきません。

ハナアブをつかまえたオオカマキリ。体《からだ》の色《いろ》が茎《くき》や葉《は》の色《いろ》ににていて、うまくかくれることができます。

草花《くさばな》に巣《す》をつくる

花《はな》に花粉《かふん》やみつをたべにきたり、草花《くさばな》の上《うえ》でかりをする虫《むし》たちには、そこでオスとメスが出会《であ》い、交尾《こうび》をして卵《たまご》を産《う》むものもいます。それらのなかには、葉《は》や茎《くき》に巣《す》をつくって、子育《こそだ》てに利用《りよう》するものもいます。

体《からだ》から出《だ》した液《えき》や糸《いと》などで、葉《は》や茎《くき》の上《うえ》に巣《す》をつくるもの、葉《は》や茎《くき》の中《なか》に入《はい》りこんでくらすものなど、虫《むし》の種類《しゅるい》によって、いろいろな巣《す》がつくられます。また、チョウやガの幼虫《ようちゅう》や、ハムシなどのように、草花《くさばな》の葉《は》や茎《くき》の上《うえ》をすむ場所《ばしょ》にして、葉《は》や茎《くき》などをたべてくらすものもたくさんいます。

草花《くさばな》は、虫《むし》たちにとって、食《た》べ物《もの》をあたえてくれ、オスとメスが出会《であ》い、子育《こそだ》てをするためのたいせつな場所《ばしょ》なのです。

■ シロオビアワフキの幼虫《ようちゅう》がつくったあわの巣《す》。

△ ハモグリバエのなかまの幼虫《ようちゅう》。葉《は》の皮《かわ》の下《した》に入《はい》りこみ、そこでくらしながら、葉《は》を中《なか》からたべます。

△ ミカンハムグリガの幼虫《ようちゅう》がたべた葉《は》。ミカンやカラタチなどの葉《は》の皮《かわ》の下《した》に入《はい》りこみ、葉《は》を中《なか》からたべます。

茎《くき》からしるをすい、しりからあわを出《だ》しはじめたシロオビアワフキの幼虫《ようちゅう》。

オジロアシナガゾウムシの虫《むし》こぶの断面《だんめん》。卵《たまご》を産《う》みつけられたクズなどのつるがふくらみ、幼虫《ようちゅう》がくらす巣《す》になります。

カバキコマチグモの巣《す》の断面《だんめん》。ススキなどの葉《は》をまるめて巣《す》をつくり、母《はは》グモがその中《なか》で卵《たまご》を産《う》んで子育《こそだ》てします。

ダイミョウセセリの幼虫《ようちゅう》の巣《す》。ヤマノイモなどの葉《は》の一部《いちぶ》をかみ切《き》って、口《くち》からはいた糸《いと》でつぎあわせます。

ヨモギクキコブタマバエの虫《むし》こぶ。卵《たまご》を産《う》みつけられたヨモギの茎《くき》がふくらんで、幼虫《ようちゅう》がくらす巣《す》になります。

第《だい》2章《しょう》
ミツバチのくらし

ミツバチは、群《む》れでくらすハチです。数万《すうまん》びきのハチが、1つの巣《す》の中《なか》にあつまってくらしています。ミツバチの群《む》れは、たった1ぴきの女王《じょおう》バチによっておさめられています。

同《おな》じ巣《す》にすんでいるハチはみな、女王《じょおう》バチの子《こ》どもか、女王《じょおう》バチの姉《あね》や兄《あに》です。家族《かぞく》でくらしているのです。そして、たくさんのハチがそれぞれのやくわりをもち、さまざまな仕《し》事《ごと》をしているのです。

ミツバチたちがどのようにしてくらしているのか、みてみましょう。

△飼《か》われているセイヨウミツバチの巣箱《すばこ》。それぞれの箱《はこ》に1つずつ巣《す》があり、たくさんのハチがくらしています。

■木《き》のわくの中《なか》につくられたセイヨウミツバチの巣《す》。6角形《かくけい》の部屋《へや》が表《おもて》とうら向《む》きにたがいちがいにならんでいます。それがたくさんくっついて、厚《あつ》さ2.5㎝ほどになっています。

ミツバチの群《む》れのつくり

ミツバチの巣《す》には、１ぴきの女王《じょおう》バチと、数万《すうまん》びきのはたらきバチがいます。そして、このほかに数百《すうひゃく》から数千《すうせん》びきのオスバチがいます。

ミツバチの巣《す》の中《なか》をのぞいてみると、ほとんどハチは、同《おな》じ大《おお》きさです。でも、そのなかに１ぴきだけ、体《からだ》が大《おお》きなハチがいます。女王《じょおう》バチです。女王《じょおう》バチの腹《はら》にはたくさんの卵《たまご》が入《はい》っているので、とくに腹《はら》の部分《ぶぶん》が大《おお》きくなっています。女《じょ》王《おう》バチの仕事《しごと》は卵《たまご》を産《う》むことで、毎日《まいにち》、たくさんの卵《たまご》を産《う》みます。

いちばんたくさんいるのは、はたらきバチです。女王《じょおう》バチと同《おな》じようにメスのハチですが、ふだんは卵《たまご》を産《う》みません。みつや花粉《かふん》をあつめたり、巣《す》を大《おお》きくしたり、女王《じょおう》バチや卵《たまご》、幼虫《ようちゅう》の世話《せわ》をしたり、巣《す》をたもっていくためのいろいろな仕事《しごと》をします。

オスバチは、女王《じょおう》バチやはたらきバチにくらべて眼《め》が大《おお》きく、体《からだ》がずんぐりしています。巣《す》の中《なか》では、仕事《しごと》はしません。

△オスバチ（矢印《やじるし》）は、はたらきバチにくらべると大《おお》きな眼《め》（複眼《ふくがん》）をもっています。、１日《にち》１回《かい》、巣《す》の外《そと》へ飛《と》んでいき、交尾《こうび》をする相《あい》手《て》をさがします。はたらきバチはいろいろな仕事《しごと》をしますが、わかいハチと年上《としうえ》のハチでは、する仕事《しごと》がちがっています。

■女王《じょおう》バチ（矢印《やじるし》）。女王《じょおう》バチを守《まも》って世話《せわ》をするはたらきバチの一団《いちだん》（ロイヤルコートといいます）にかこまれています。

■みつをあつめて、巣《す》にもどってきたはたらきバチ。みつは蜜胃《みつい》にためて、花粉《かふん》は花粉《かふん》だんごにして持《も》ちかえります。みつをあつめるのは、年上《としうえ》のハチの仕事《しごと》です。

体《からだ》の中《なか》ではちみつをつくる

野原《のはら》で花《はな》のみつをあつめたはたらきバチが、巣《す》にもどってきました。はたらきバチは、したで花《はな》のみつをなめてのみこみ、それを体《からだ》の中《なか》にある蜜胃《みつい》というふくろにためます。30分《ぷん》ほどみつをあつめ、蜜胃《みつい》がいっぱいになると巣《す》にもどります。

巣《す》にもどると、まっていたわかいはたらきバチに、口《くち》うつしでみつをわたしています。みつを受《う》けとったはたらきバチは、蜜胃《みつい》からみつを口《くち》にもどし、したにのせてかわかし、みつの水分《すいぶん》がすくなくなると、ふたたびみつをのみこみ、蜜胃《みつい》でまぜます。

このようなことを何度《なんど》もくりかえすうちに、うすかった花《はな》のみつがだんだんこくなっていき、はたらきバチの体《からだ》の中《なか》から出《だ》された物質《ぶっしつ》もまざって味《あじ》もかわり、最後《さいご》にははちみつになるのです。

△ あつめてきた花《はな》のみつを、巣《す》でまっていたわかいはたらきバチにわたします。はちみつをつくるのは、わかいはたらきバチの仕事《しごと》です。

△ みつを受《う》けわたすときは、顔《かお》をつきあわせます。蜜胃《みつい》からみつをしたの上《うえ》にはきもどし、もう１ぴきのはたらきバチが、それをしたでなめます。

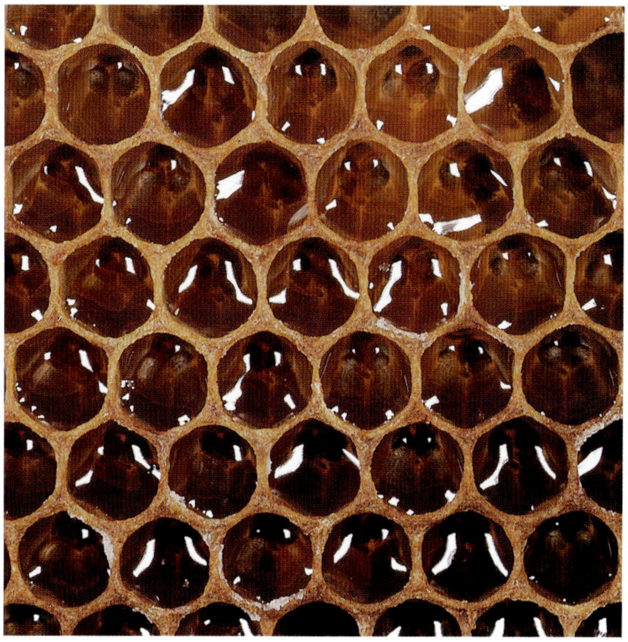

△ できあがったはちみつは、巣《す》の板《いた》のいちばん外側《そとがわ》にあるはちみつをためる部屋《へや》にたくわえられ、群《む》れのすべてのハチの食料《しょくりょう》になります。

花粉《かふん》をためる

はたらきバチたちは、花《はな》のみつだけでなく、花粉《かふん》もあつめてきます。花粉《かふん》をあつめる仕事《しごと》も、年上《としうえ》のはたらきバチがします。でも、みつと花粉《かふん》はべつべつにあつめられます。

花粉《かふん》をあつめたはたらきバチは、花粉《かふん》かごに大《おお》きな花粉《かふん》だんごをつけて、巣《す》にもどってきます。そして、巣《す》の外側《そとがわ》の方《ほう》にある花粉《かふん》の倉庫《そうこ》まで歩《ある》き、花粉《かふん》だんごを部屋《へや》の中《なか》に入《い》れます。そしてまた、花《か》粉《ふん》をあつめに出《で》かけていきます。

花粉《かふん》の倉庫《そうこ》には、わかいはたらきバチがいて、花粉《かふん》だんごをかみくだき、はちみつをまぜ、倉庫《そうこ》の部屋《へや》にしっかりとつめこんでいきます。

つめこまれた花粉《かふん》は、とても栄養《えいよう》があり、幼虫《ようちゅう》たちを育《そだ》てるための食《た》べ物《もの》として使《つか》われます。

△あつめてきた花粉《かふん》だんごを、倉庫《そうこ》の部《へ》屋《や》の中《なか》に入《い》れようとしているはたらきバチ。花粉《かふん》だんごをはずすときは、中《なか》あしのつめをひっかけてはずします。

▷倉庫《そうこ》の部屋《へや》の中《なか》に落《お》とされた2個《こ》の花粉《かふん》だんご。花粉《かふん》でいっぱいになると、体《からだ》からロウを出《だ》しふたをします。

△ 花粉《かふん》の倉庫《そうこ》で仕事《しごと》をするわかいはたらきバチ。花粉《かふん》だんごが落《お》とされた部屋《へや》に頭《あたま》をつっこみ、花粉《かふん》だんごをかみくだき、はちみつをまぜます。それを頭《あたま》でつきかため、はちみつが全体《ぜんたい》にしみわたるようにしています。

△ おしかためられた花粉《かふん》がつまった倉庫《そうこ》の部屋《へや》。花粉《かふん》には、はちみつがまぜられて、しっとりとしています。

△ 花粉《かふん》の倉庫《そうこ》の部屋《へや》の断面《だんめん》。色《いろ》のちがういろいろな花《はな》の花粉《かふん》がつめこまれているのがわかります。

花《はな》の場所《ばしょ》をなかまに知《し》らせる

みつをあつめたはたらきバチが巣《す》にもどってきました。そして、巣《す》でまっていたなかまのところにやってくると、きゅうにおしりをふるわせて、せわしなく歩《ある》きはじめました。なかまのはたらきバチたちは、まわりにあつまっています。何《なに》があったのでしょう？

じつは、みつがたくさん出《で》る花《はな》のありかを、なかまに教《おし》えているのです。おしりをふるわせて８の字《じ》をえがくように歩《ある》きまわるので、その動《うご》きから、ミツバチの「８の字《じ》ダンス」とよばれています。

ミツバチの巣《す》では、たくさんのなかまが生《い》きていくために、とてもたくさんのみつや花粉《かふん》が必要《ひつよう》です。でも、はたらきバチが１ぴきずつばらばらにさがしていては、１日中《にちじゅう》いっしょうけんめいさがしても、あつめられる量《りょう》はわずかです。そのために、ミツバチは８の字《じ》ダンスでなかまにみつや花粉《かふん》のある場所《ばしょ》を教《おし》え、できるだけたくさんのみつや花粉《かふん》をあつめているのです。ミツバチは、ことばのかわりにダンスで、花《はな》がある場所《ばしょ》をつたえているのです。

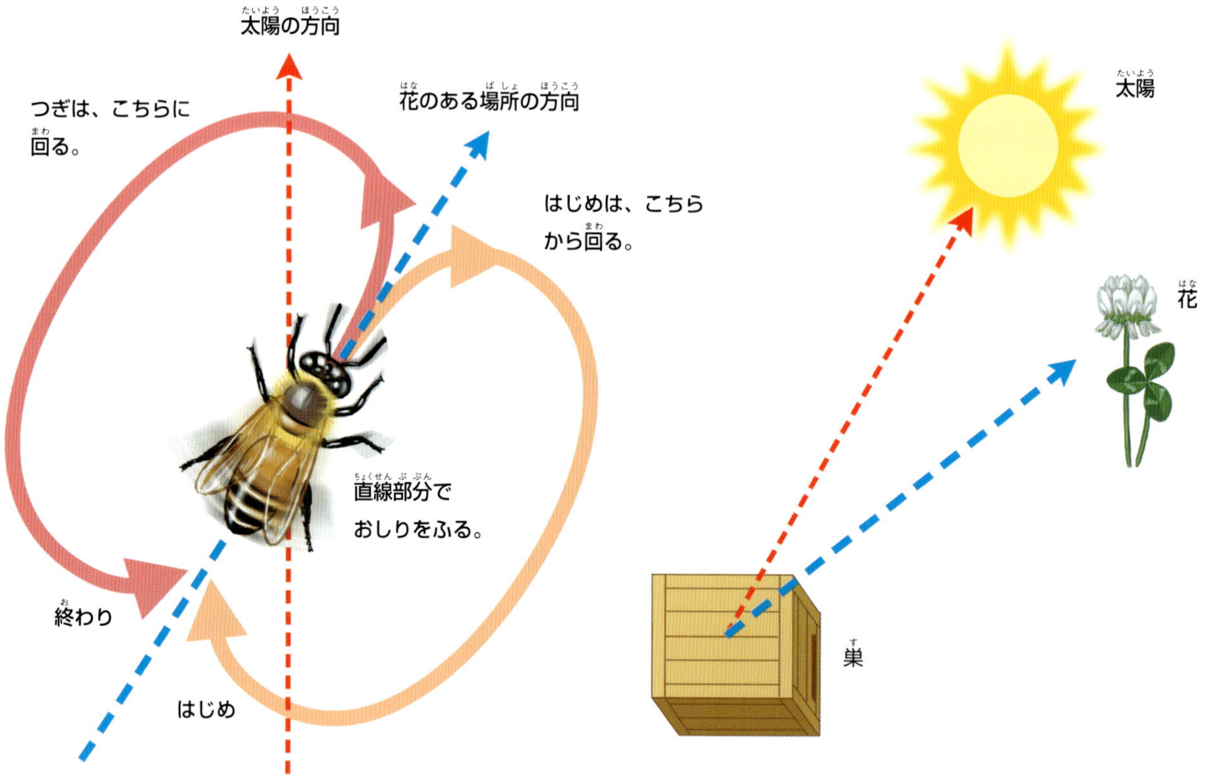

△ ８の字《じ》ダンスは、花《はな》のある方向《ほうこう》と花《はな》までの距離《きょり》、みつや花粉《かふん》の量《りょう》をつたえるダンスです。巣《す》の上《うえ》が太陽《たいよう》の方向《ほうこう》をあらわし、８の字《じ》のまん中《なか》の直線《ちょくせん》の角度《かくど》が花《はな》のある方向《ほうこう》をあらわしています。そして、何回《なんかい》８の字《じ》をえがくかで、花《はな》までの距離《きょり》を、おしりをふるはげしさでみつや花粉《かふん》の量《りょう》をつたえています。

■ ８の字《じ》ダンスをおどるはたらきバチ（矢《や》印《じるし》）のまわりにあつまった、なかまのはたらきバチ。触角《しょっかく》でダンスをおどるハチにさわり、花《はな》のある場所《ばしょ》を知《し》ります。

△新《あたら》しい巣《す》のわくにつくられはじめた巣《す》。

△ミツバチの巣《す》は、うすいロウのかべにかこまれた6角形《かくけい》の部屋《へや》が、表側《おもてがわ》とうら側《がわ》を向《む》いて、ぴったりとならんでいます。

△腹部《ふくぶ》の節《ふし》からロウの板《いた》（矢印《やじるし》）を出《だ》しているはたらきバチ。

◁あしをからめて、くさりのようにつながっているはたらきバチ。

■口《くち》でねり合《あ》わせたロウをくっつけ、触角《しょっかく》とくびのかたむきをものさしにして、部屋《へや》をつくっていきます。

体《からだ》からロウを出《だ》して巣《す》をつくる

ミツバチの巣《す》は、6角形《かくけい》の部屋《へや》がたくさんならんでできています。巣《す》は、わかいはたらきバチによってつくられますが、じつはその材料《ざいりょう》は、はたらきバチの体《からだ》から出《で》るロウなのです。

巣《す》をつくるときには、たくさんのはたらきバチが巣《す》のわくの天井《てんじょう》にあつまり、おたがいのあしをからめて、くさりのようにつながります。このとき、ハチの腹《ふく》部《ぶ》にある節《ふし》のあいだから、うすいロウの板《いた》が出《で》てきます。ミツバチはこの板《いた》をあしでとりはずし、口《くち》でかみくだいてねり合《あ》わせ、巣《す》のわくの天井《てんじょう》から下《した》へと、巣《す》をつくっていきます。

同《おな》じ大《おお》きさのはたらきバチが、自分《じぶん》の体《からだ》をものさしにして、しっかりと寸法《すんぽう》をはかってつくるため、巣《す》の部屋《へや》はどれも、同《おな》じ大《おお》きさで同《おな》じ形《かたち》になります。

川岸《かわぎし》で水《みず》をあつめるはたらきバチ。夏《なつ》は巣《す》の中《なか》が暑《あつ》くなるので、水《みず》で巣《す》をひやすことがとてもたいせつです。水《みず》をあつめるのは、年上《としうえ》のはたらきバチの仕事《しごと》です。

ほかにもある仕事《しごと》

はたらきバチは、群《む》れでくらしていくために、さまざまな仕事《しごと》をします。みつや花粉《かふん》をあつめ、食料《しょくりょう》をたくわえたり、巣《す》の部屋《へや》をつくるほか、巣《す》の温度《おんど》の調節《ちょうせつ》、巣《す》のそうじ、女王《じょおう》バチやオスバチの世話《せわ》、女王《じょおう》バチが産《う》んだ卵《たまご》や幼虫《ようちゅう》の世話《せわ》、敵《てき》から巣《す》を守《まも》ったり、なかまに巣《す》の位置《いち》を知《し》らせる仕事《しごと》など、卵《たまご》を産《う》むこと以外《いがい》のほとんどの仕事《しごと》をします。

はたらきバチは、おとなになってからおよそ６週間《しゅうかん》しか生《い》きられません。おとなになりたてのときは、巣《す》のそうじをし、すこし日《ひ》がたつと、女王《じょおう》バチの世話《せわ》や子《こ》育《そだ》ての仕事《しごと》をします。そして、１週間《しゅうかん》ほどたつと、巣《す》の中《なか》でさまざまな仕事《しごと》をするようになります。さらに２週間《しゅうかん》ほどすると巣《す》の外《そと》に出《で》て、みつや花粉《かふん》をあつめるようになります。

△巣《す》の空気《くうき》を入《い》れかえているはたらきバチ。巣《す》の出《で》入《い》り口《ぐち》ではばたいて風《かぜ》をおこし、巣《す》の中《なか》の空気《くうき》を外《そと》に出《だ》して新《あたら》しい空気《くうき》と入《い》れかえます。

△巣《す》の出《で》入《い》り口《ぐち》でみはりをするはたらきバチ。においでなかまを区別《くべつ》し、ほかの巣《す》のハチや敵《てき》が巣《す》の中《なか》に入《はい》らないようにします。

△巣《す》の出《で》入《い》り口《ぐち》でなかまをよびあつめるはたらきバチ。腹部《ふくぶ》の節《ふし》からにおいを出《だ》し、はねであおいで、外《そと》にいるなかまがまいごにならないよう、巣《す》の場所《ばしょ》を教《おし》えます。

△死《し》んだオスバチを巣《す》の外《そと》にすてるはたらきバチ。そのままにすると、巣《す》にカビがはえたり、病気《びょうき》がはやったりするので、死《し》がいは、巣《す》の外《そと》にすてられます。

■やってきたキイロスズメバチから巣《す》をまもるために、出《で》入《い》り口《ぐち》にあつまったはたらきバチ。

巣《す》をおそう敵《てき》

　ある日《ひ》、ミツバチの巣《す》のそばに、大《おお》きなオオスズメバチが飛《と》んできました。出《で》入《い》り口《ぐち》にいたみはりのはたらきバチが、なかまにきけんを知《し》らせます。たくさんのはたらきバチが、巣《す》をまもるために出《で》入《い》り口《ぐち》にあつまってきました。

　ミツバチにとって、キイロスズメバチやオオスズメバチはおそろしい敵《てき》です。ミツバチより体《からだ》が大《おお》きく皮膚《ひふ》があついので、毒針《どくばり》でさそうとしてもなかなかささりません。おそいかかっても、きばのような大《おお》あごでかみちぎられ、ころされてしまいます。スズメバチにおそわれ、巣《す》が全滅《ぜんめつ》してしまうことも、よくあります。

　このほかに、巣《す》に卵《たまご》を産《う》みつけて、卵《たまご》からかえった幼虫《ようちゅう》が巣《す》をこわすハチミツガというガや、ミツバチの体《からだ》にとりつくダニなどの敵《てき》もいます。

キイロスズメバチにむらがるセイヨウミツバチ。ニホンミツバチは、集団《しゅうだん》でスズメバチをとりかこみ、体温《たいおん》を上《あ》げてころす戦法《せんぽう》をもっていますが、セイヨウミツバチには、それができません。このようにむらがっても、たいてい負《ま》けてしまいます。

オオスズメバチにかみころされたセイヨウミツバチの死《し》がい。

巣《す》の中《なか》に入《はい》ってはちみつをたべるオオスズメバチ。卵《たまご》や幼虫《ようちゅう》もつれさられて、たべられてしまいます。

ハチミツガの幼虫《ようちゅう》にくいあらされた巣《す》。円内《えんない》の写真《しゃしん》は、巣《す》に卵《たまご》を産《う》んでいるハチミツガの成虫《せいちゅう》です。

ダニ（矢印《やじるし》）にとりつかれたはたらきバチ。体液《たいえき》をすわれ、体《からだ》が弱《よわ》ってしまいます。

第《だい》3章《しょう》 ミツバチの一生《いっしょう》

ミツバチのはたらきバチは、卵《たまご》から3週間《しゅうかん》ほどで成虫《せいちゅう》になり、それからわずか6週間《しゅうかん》ほどで一生《いっしょう》を終《お》えます。しかし、女王《じょおう》バチは数年間《すうねんかん》生《い》きて卵《たまご》を産《う》みつづけます。そのあいだつぎつぎと生《う》まれてくるはたらきバチによって、巣《す》とミツバチの社会《しゃかい》はたもたれていきます。ミツバチは、1つの巣全体《すぜんたい》で1ぴきの生《い》き物《もの》であるかのように、生《い》きているのです。

▲巣《す》の部屋《へや》のおくのかべに産《う》みつけられたはたらきバチの卵《たまご》。

■巣《す》の部屋《へや》に腹部《ふくぶ》をさし入《い》れて卵《たまご》を産《う》む女王《じょおう》バチ（矢印《やじるし》）。おおいときには、1日《にち》に 1500 個《こ》もの卵《たまご》を産《う》みます。

巣《す》の部屋《へや》で育《そだ》つ

女王《じょおう》バチが、巣《す》の部屋《へや》のおくに卵《たまご》を産《う》んでから3日《みっか》後《ご》、卵《たまご》から小《ちい》さな幼虫《ようちゅう》が生《う》まれました。ミツバチの幼虫《ようちゅう》には、眼《め》もあしもありません。巣《す》のわかいはたらきバチたちが、幼虫《ようちゅう》に食《た》べ物《もの》をあたえ、世話《せわ》をします。

幼虫《ようちゅう》の食《た》べ物《もの》は、最初《さいしょ》の3日《みっか》間《かん》は、はたらきバチが口《くち》から出《だ》すロイヤルゼリーという特別《とくべつ》なミルクに、はちみつをまぜたものです。はたらきバチは、幼虫《ようちゅう》がいる部屋《へや》に頭《あたま》をつっこんで、幼虫《ようちゅう》の体《からだ》のまわりをこの食《た》べ物《もの》でいっぱいにします。そしてつぎの3日《みっか》間《かん》は、倉庫《そうこ》にためていた花粉《かふん》にはちみつをまぜ、あたえます。どちらも、栄養《えいよう》たっぷりな食《た》べ物《もの》です。

ミツバチの幼虫《ようちゅう》は、体《からだ》の皮《かわ》をぬいで、大《おお》きく育《そだ》っていきます。これを脱皮《だっぴ》といいます。はじめは2ミリメートルほどしかなかった幼虫《ようちゅう》は、4回《かい》脱皮《だっぴ》して、大《おお》きく育《そだ》ちます。そして、生《う》まれて7日《なのか》目《め》には、口《くち》から糸《いと》をはいてうすいまゆで体《からだ》をつつみ、その中《なか》でさなぎになります。幼《よう》虫《ちゅう》が糸《いと》をはきはじめると、はたらきバチは、部屋《へや》の出入《でい》り口《ぐち》をロウでふさぎます。

▲巣《す》の部屋《へや》の中《なか》で育《そだ》っているはたらきバチの幼虫《ようちゅう》。写真《しゃしん》のいちばん右《みぎ》から左《ひだり》へと、幼虫《ようちゅう》がだんだん育《そだ》っていくようすがわかります。部屋《へや》のかべを切《き》って中《なか》をみえるようにし、出入《でい》り口《ぐち》を上《うえ》にして撮影《さつえい》しています。上《うえ》の丸《まる》の中《なか》の写真《しゃしん》は、ふ化《か》したばかりの幼虫《ようちゅう》です。

△はたらきバチの幼虫《ようちゅう》の世話《せわ》をするはたらきバチ。巣《す》の温度《おんど》がほぼ一定《いってい》にたもたれ、どの幼虫《ようちゅう》もほぼ同《おな》じ速《はや》さで育《そだ》っていきます。

△部屋《へや》にぎっしりつまるほど大《おお》きく育《そだ》った生《う》まれて５日目《いつかめ》くらいのはたらきバチの幼虫《ようちゅう》（右側《みぎがわ》）と、幼虫《ようちゅう》がまゆをつくりはじめロウでふたをされた部屋《へや》（左側《ひだりがわ》の一部《いちぶ》）。

■巣《す》の部屋《へや》の中《なか》で育《そだ》っていくさなぎ。いちばん下《した》がさなぎになる直前《ちょくぜん》で、上《うえ》にいくにつれて日《ひ》がたっています。写真《しゃしん》は、部屋《へや》のかべとまゆをとって、中《なか》がみえるようにしています。

さなぎから成虫《せいちゅう》に

部屋《へや》の中《なか》では、まゆにつつまれたさなぎが育《そだ》っていきます。はじめは全体《ぜんたい》がクリーム色《いろ》ですが、日《ひ》がたつにつれて眼《め》に色《いろ》がつき、体全体《からだぜんたい》もすこしずつ茶色《ちゃいろ》っぽくなっていきます。

部屋《へや》にロウのふたをされてから12日《にち》目《め》、いよいよさなぎのからがさけ、はたらきバチが羽化《うか》します。羽化《うか》したはたらきバチは、自分《じぶん》で部屋《へや》のふたをかじってあなをあけ、部屋《へや》の外《そと》に出《で》てきます。

外《そと》に出《で》てきたはたらきバチは、まだ体《からだ》がやわらかく、体《からだ》の色《いろ》もすこし白《しろ》っぽくみえます。体《からだ》がしっかりかたまるまでは、2日《ふつか》から3日《みっか》かかります。そのあいだ、はたらきバチは、巣《す》のそうじ以外《いがい》は、ほとんど仕事《しごと》をせず、倉庫《そうこ》の花粉《かふん》をたべます。そして、体《からだ》がしっかりすると、いよいよいそがしくはたらきだすのです。

△卵《たまご》から生《う》まれて18日目《にちめ》、部屋《へや》のふたをくいやぶって、外《そと》に出《で》てきたはたらきバチ。体《からだ》の毛《け》はまだぬれています。はたらきバチは18日《にち》で羽化《うか》しますが、オスバチはさなぎの期間《きかん》が3日《みっか》長《なが》く、生《う》まれてから羽化《うか》するまで21日《にち》かかります。

◁部屋《へや》から出《で》てきたばかりのはたらきバチ。針《はり》がまだやわらかいので、さすことができません。

■ 雪《ゆき》がつもったミツバチの巣箱《すばこ》。外《そと》はこおるような寒《さむ》さでも、巣《す》の中《なか》ははたらきバチたちが身《み》をよせあって熱《ねつ》を出《だ》し、あたたかくたもたれています。

冬《ふゆ》のミツバチ

秋《あき》が終《お》わり冬《ふゆ》がくると、野原《のはら》には花《はな》もなくなり、それまで花《はな》にきていたミツバチもみられなくなります。ミツバチたちは、死《し》んでしまったのでしょうか？

雪《ゆき》がふったつぎの日《ひ》、ミツバチの巣《す》にいってみました。巣箱《すばこ》のまわりはひっそりしていて、ミツバチはみあたりません。そっと、巣箱《すばこ》の中《なか》をのぞいてみると……。

巣《す》の板《いた》の上《うえ》には、たくさんのミツバチがいました。体《からだ》をよせ合《あ》って、じっとしていますが、みんな元気《げんき》そうです。

ミツバチは寒《さむ》い冬《ふゆ》のあいだ、体《からだ》をふるわせ、かたまりになって体《からだ》をあたため、その熱《ねつ》で巣《す》の中《なか》をあたためています。巣《す》にたくわえたはちみつをなめ、みんなで春《はる》をまつのです。そして春《はる》になり、みつのある花《はな》がさきはじめると、また巣《す》から出《で》て、みつや花粉《かふん》をあつめはじめます。

かたまりになって巣《す》をあたためている冬《ふゆ》のセイヨウミツバチ。外《そと》が寒《さむ》くても、巣《す》の中心《ちゅうしん》の温度《おんど》は 20～30℃にたもたれています。

冬《ふゆ》の終《お》わりになると、外《そと》の気温《きおん》があたたかい日《ひ》には、ツバキなどの花《はな》にやってきて、みつや花粉《かふん》をあつめます。

春《はる》のはじめ、ほかの花《はな》よりも先《さき》にさくオオイヌノフグリの花《はな》からみつをあつめているセイヨウミツバチ。

女王《じょおう》バチが生《う》まれる部屋《へや》

冬《ふゆ》がすぎ、春《はる》がきて、ミツバチの巣《す》ではわかいはたらきバチがふえ、またにぎやかになりました。でも、春《はる》の終《お》わりごろになると、女王《じょおう》バチの元気《げんき》がなくなり、産《う》む卵《たまご》の数《かず》がへってきます。そして、巣《す》のあちこちに、つぼのような形《かたち》の部屋《へや》がつくられるようになります。

この部屋《へや》は、新《あたら》しい女王《じょおう》バチを育《そだ》てるための部屋《へや》で、王台《おうだい》といいます。女王《じょおう》バチはふだん、はたらきバチが王台《おうだい》をつくらないようにする物質《ぶっしつ》を体《からだ》から出《だ》しています。でも春《はる》の終《お》わりごろになると、その物質《ぶっしつ》をあまり出《だ》さなくなるので、はたらきバチが王台《おうだい》をつくりはじめるのです。

王台《おうだい》がつくられると、はたらきバチたちは女王《じょおう》を王台《おうだい》につれていきます。そして女王《じょおう》は、はたらきバチの部屋《へや》に産《う》むのと同《おな》じように、卵《たまご》を１個ずつ産《う》みつけていくのです。

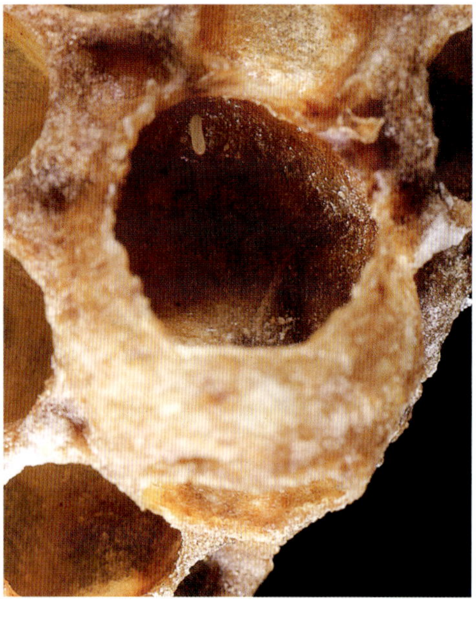

◀王台《おうだい》のかべに産《う》みつけられた卵《たまご》。かべの一部《いちぶ》をこわして、卵《たまご》がみえるようにしています。

▶いくつもの王台《おうだい》がつくられたミツバチの巣《す》。できあがった王台《おうだい》は、はたらきバチが育《そだ》つ部屋《へや》よりずっと広《ひろ》く、巣《す》の板《いた》からたれ下《さ》がるような形《かたち》につくられます。下向《したむ》きの出入《でい》り口《ぐち》がふさがれて、ラッカセイの実《み》の先《さき》のような形《かたち》になっています。

▲つくられたばかりの王台《おうだい》。はじめは下《した》むきに口《くち》が開《ひら》いていますが、幼虫《ようちゅう》がさなぎになるときに、ふたをされます。

■王台《おうだい》の中《なか》の幼虫《ようちゅう》の世話《せわ》をするはたらきバチ。

ロイヤルゼリーで育《そだ》つ

王台《おうだい》の中《なか》の卵《たまご》は、はたらきバチの卵《たまご》とまったく同《おな》じですが、育《そだ》てられ方《かた》がはたらきバチの場合《ばあい》とはちがいます。生《う》まれた幼虫《ようちゅう》は、３日《みっか》をすぎてもたくさんのロイヤルゼリーだけをあたえつづけられます。こうすることで、はたらきバチではなく、女王《じょおう》バチに育《そだ》つのです。

女王《じょおう》バチの幼虫《ようちゅう》も、はたらきバチと同《おな》じく７日目《なのかめ》にうすいまゆをつくってさなぎになります。そして部屋《へや》には、はたらきバチによってロウでふたがされ、中《なか》でさなぎが育《そだ》っていきます。

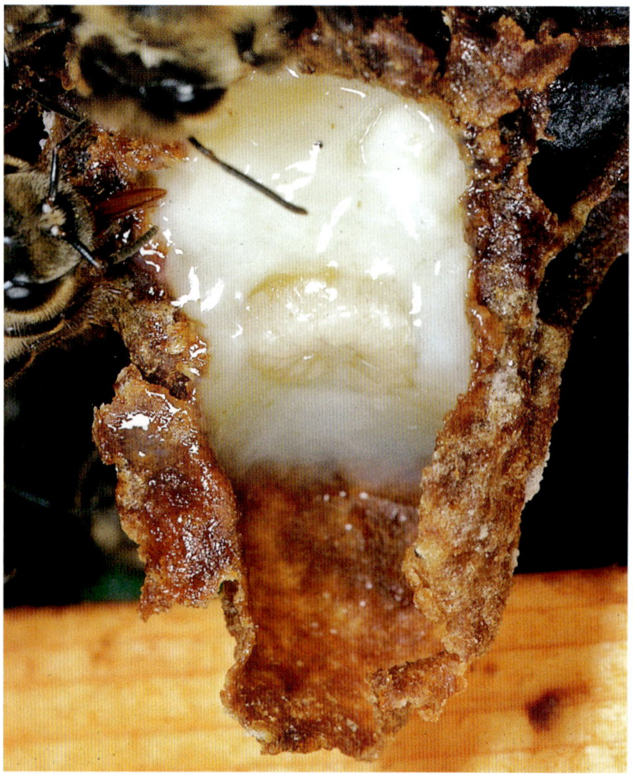

▲王台《おうだい》の中《なか》の幼虫《ようちゅう》。たっぷりのロイヤルゼリーの中《なか》にうかぶようにして育《そだ》ちます。写真《しゃしん》はかべの一部《いちぶ》をこわして、幼虫《ようちゅう》がみえるようにしてあります。

■王台《おうだい》の中《なか》で育《そだ》つ女王《じょおう》バチのさなぎ。女王《じょおう》バチのさなぎは、7日《なのか》で羽化《うか》します。写真《しゃしん》は、かべとまゆの一部《いちぶ》をこわして、さなぎがみえるようにしてあります。

分封《ぶんぽう》のために巣《す》から飛《と》びたったミツバチ。かたまりになてしばらくあたりを飛《と》びまわり、枝《えだ》などにとまります。封《ぼう》は、よく晴《は》れた日《ひ》の昼間《ひるま》におこなわれます。

巣《す》を出《で》ていく女王《じょおう》バチ

王台《おうだい》で育《そだ》った幼虫《ようちゅう》がさなぎになるころ、巣《す》の中《なか》がきゅうにさわがしくなりました。何《なん》びきかのはたらきバチがブンブンとはねをふるわせ、巣《す》の中《なか》をかけまわり、外《そと》に飛《と》びだします。ほかのハチたちもそれにつづいて、巣《す》から飛《と》びたっていきます。

ミツバチたちは、新《あたら》しい巣《す》をさがすために、巣《す》を出《で》たのです。これを分封《ぶんぽう》といいます。わかいはたらきバチだけをのこし、女王《じょおう》バチやオスバチをふくめ、ほとんどのハチが巣《す》から出《で》て、近《ちか》くの木《き》の枝《えだ》などにとまり、かたまりをつくります。

何《なん》びきかのはたらきバチが、新《あたら》しい巣《す》をつくる場所《ばしょ》をさがしにいきます。そして、適《てき》した場所《ばしょ》をみつけると、群《む》れにもどって、なかまに場所《ばしょ》を教《おし》えます。すると、女王《じょおう》バチと群《む》れの半分《はんぶん》ほどのハチは移動《いどう》し、新《あたら》しい巣《す》をつくるのです。

のこりの半分《はんぶん》のハチたちは元《もと》の巣《す》へもどっていきます。

◀新《あたら》しい巣《す》に適《てき》した場所《ばしょ》をなかまに教《おし》えるはたらきバチ（矢印《やじるし》）。8の字《じ》ダンスによって、場所《ばしょ》を教《おし》えます。

▼木《き》の枝《えだ》にとまってかたまりをつくるミツバチ。このような群《む》れを分封群《ぶんぽうぐん》といいます。電信柱《でんしんばしら》や信号《しんごう》などにもとまり、ニュースになったりもします

新《あたら》しい女王《じょおう》バチが生《う》まれる

女王《じょおう》バチがいなくなった巣《す》では、さなぎから新《あたら》しい女王《じょおう》バチが羽化《うか》して、王台《おうだい》から出《で》てきます。王台《おうだい》から出《で》た女王《じょおう》バチは、すぐに巣《す》の中《なか》を歩《ある》きまわり、ほかの王台《おうだい》をつぎつぎとこわして、中《なか》にいるさなぎや幼虫《ようちゅう》を毒針《どくばり》でさしてころしていきます。１つの巣《す》には、１ぴきの女王《じょおう》バチしかくらせないからです。

でも、ほぼ同《おな》じころに、もう１ぴきの女王《じょおう》バチが羽化《うか》してしまうこともあります。すると、２ひきの女王《じょおう》バチは、巣《す》のあるじになるため、毒針《どくばり》を使《つか》ってはげしくたたかいます。そして、生《い》きのこった方《ほう》が、新《あたら》しい女王《じょおう》バチになるのです。

新《あたら》しい女王《じょおう》バチは、羽化《うか》してから１週《しゅう》間《かん》ほどすると、オスバチをつれて巣《す》からいったん飛《と》びたちます。外《そと》で何《なん》びきかのオスバチと交尾《こうび》し、巣《す》にもどってきます。そして、卵《たまご》を産《う》んで巣《す》のハチをふやし、自分《じぶん》の王国《おうこく》をつくっていくのです。

△羽化《うか》して王台《おうだい》から出《で》てきた新《あたら》しい女王《じょおう》バチ。

巣《す》を治《おさ》める女王《じょおう》になるために戦《たたか》う2ひきの新女王《しんじょおう》バチ。

新《あたら》しい女王《じょおう》バチのもとで……

　新《あたら》しい女王《じょおう》バチがきまった巣《す》では、夏《なつ》がきて、たくさんのはたらきバチが生《う》まれています。巣《す》の中《なか》はまたにぎやかになってきました。女王《じょおう》バチはたくさんの卵《たまご》を産《う》み、はたらきバチたちはいそがしくはたらきまわっています。野原《のはら》の花《はな》にも、またたくさんのミツバチがやってきて、みつや花粉《かふん》をあつめています。ほかの虫《むし》たちも、野原《のはら》で元気《げんき》なすがたをみせています。

■夏《なつ》の野原《のはら》でみつをあつめるセイヨウミツバチ。

ミツバチを飼《か》う仕事《しごと》

人間《にんげん》は、１万年以上前《まんねんいじょうまえ》から、ミツバチの巣《す》からはちみつをとって、利用《りよう》してきました。そして、200年《ねん》ほど前《まえ》からは、巣箱《すばこ》でミツバチを飼《か》い、はちみつやロウなどをとるようになりました。

日本《にほん》では、大《おお》きく分《わ》けると２つの方法《ほうほう》でミツバチを飼《か》っています。１つは、巣箱《すばこ》の場所《ばしょ》をきめ、１年中《ねんじゅう》その場所《ばしょ》で飼《か》う方法《ほうほう》です。もう１つは、花《はな》がたくさんさいている場所《ばしょ》をもとめ、南《みなみ》から北《きた》まで巣箱《すばこ》を車《くるま》にのせて移動《いどう》し、ある場所《ばしょ》で一定《いってい》の期間《きかん》みつや花粉《かふん》をあつめ、また移動《いどう》していく方法《ほうほう》です。

どのようにミツバチを飼《か》うのか、みてみましょう。

▲巣箱《すばこ》の中《なか》には巣《す》のわくが立《た》ててならべられています。

▲巣《す》のわく。ミツバチが巣《す》の部屋《へや》をつくりやすいように、ロウでつくった巣《す》の土台《どだい》をつけてあります。

▲巣《す》のわくの中《なか》につくられたミツバチの巣《す》。手前《てまえ》とおくから巣《す》の部屋《へや》が向《む》かいあわせにつくられています。

しめりけをふせぐため、板《いた》をしいた台《だい》の上《うえ》にならべられた巣箱《すばこ》。1つの巣箱《すばこ》の中《なか》には8～10まいほどの巣《ず》のわくが入《はい》っています。巣箱《すばこ》を2～3個《こ》かさねて、1つの巣《す》にしているものもあります。巣《す》の出入《でい》り口《ぐち》の前《まえ》には、スズメバチをつかまえるための装置《そうち》がつけられています。また、巣箱《すばこ》の上《うえ》には、雨《あめ》をよけるための板《いた》がのせられています。

分封《ぶんぼう》のために巣箱《すばこ》から出《で》てきたミツバチの群《む》れ。

分封群《ぶんぼうぐん》を新《あたら》しい巣箱《すばこ》に移動《いどう》させる作《さ》業《ぎょう》をしています。

春《はる》、あたたかい南《みなみ》の地域《ちいき》から移動《いどう》をはじめ、だんだん北《きた》へ移動《いどう》し、夏《なつ》はすずしい北《きた》の地域《ちいき》ですごし、秋《あき》にまた南《みなみ》に帰《かえ》ります。

はちみつをつくる

　ミツバチを飼《か》う仕事《しごと》をしている人《ひと》たちは、巣《す》にたくわえられたはちみつをとり、それを人間《にんげん》がたべやすいように加工《かこう》して、商品《しょうひん》にしています。また、巣《す》のかべをつくっているロウや、たくわえられている花粉《かふん》、ロイヤルゼリーなどをとって、ろうそくや化粧品《けしょうひん》、健《けん》康食品《こうしょくひん》など、いろいろな商品《しょうひん》もつくります。

　おいしいはちみつが、どのようにつくられるのか、みてみましょう。

△とりだした巣《す》から、ナイフではちみつの部屋《へや》のふたをそぎおとしています。

△部屋《へや》のふたをはずした巣《す》のわくを、遠心分離機《えんしんぶんりき》という機械《きかい》にセットし、ハンドルを回《まわ》してはちみつをとりだします。

びんにつめられたはちみつ。ミツバチがみつをあつめた花《はな》の種類《しゅるい》によって、はちみつの色《いろ》や味《あじ》、かおりがちがってきます。右《みぎ》からナノハナ、ツツジ、いろいろな花《はな》のみつからつくったはちみつ、15年《ねん》ほどおいてうまみを出《だ》したはちみつです。

はちみつができるまで

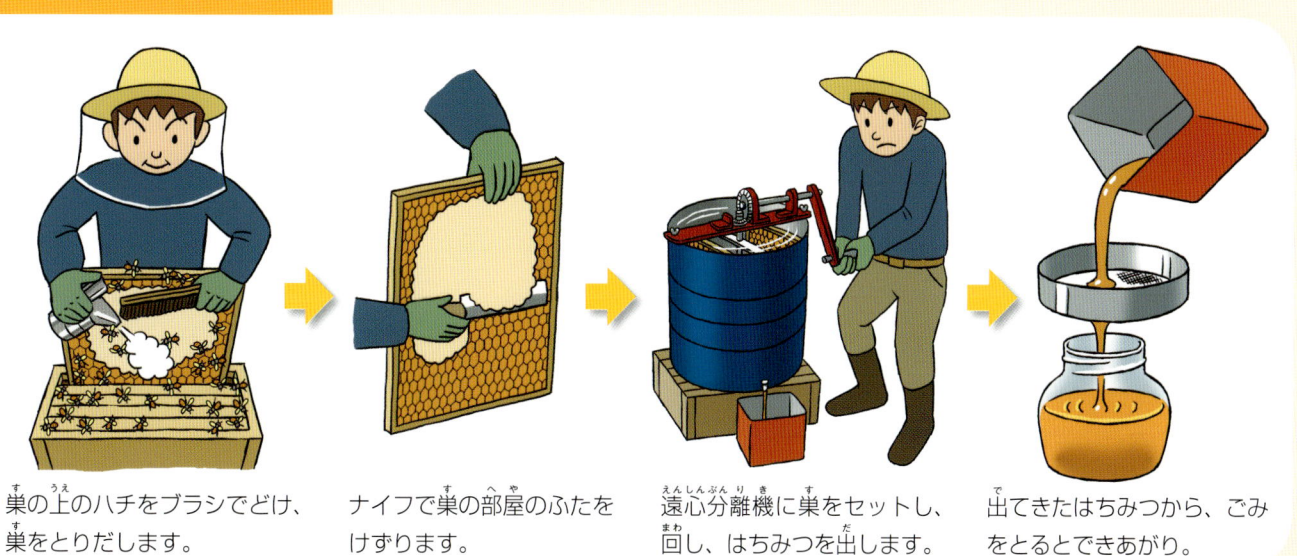

巣《す》の上《うえ》のハチをブラシでどけ、巣《す》をとりだします。

ナイフで巣《す》の部屋《へや》のふたをけずります。

遠心分離機《えんしんぶんりき》に巣《す》をセットし、回《まわ》し、はちみつを出《だ》します。

出《で》てきたはちみつから、ごみをとるとできあがり。

ミツバチの体《からだ》

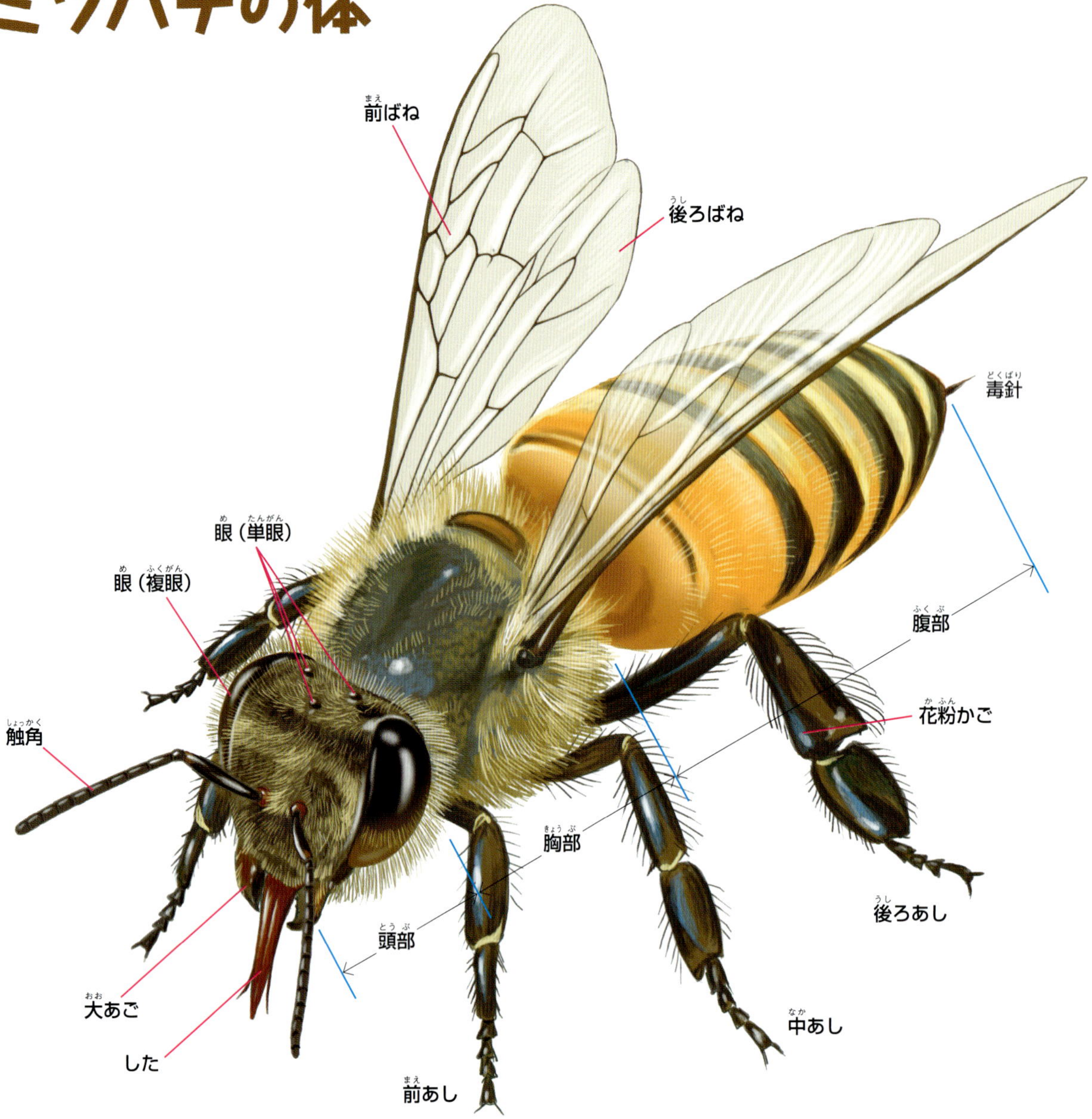

女王《じょおう》バチ、はたらきバチ、オスバチはそれぞれ、体《からだ》の大《おお》きさやつくりがすこしちがいます。体《からだ》が小《ちい》さいのでルーペを使《つか》わないと観察《かんさつ》しにくく、あまりかまいすぎるとさされることもあります。このページの絵《え》や写真《しゃしん》で体《からだ》のつくりをおぼえてみましょう。

ミツバチにさされたときは、すぐにおとなの人《ひと》をよびましょう。さされて気持《きも》ちがわるくなったときは、すぐに救急車《きゅうきゅうしゃ》をよんで、お医者《いしゃ》さんにみてもらってください。

△ミツバチの毒針《どくばり》。しりの先《さき》にあり、ふだんは腹《はら》の中《なか》にかくれています。毒針《どくばり》は産卵管《さんらんかん》の一部《いちぶ》が変化《へんか》したもので、メスである女王《じょおう》バチとはたらきバチにあり、オスバチにはありません。

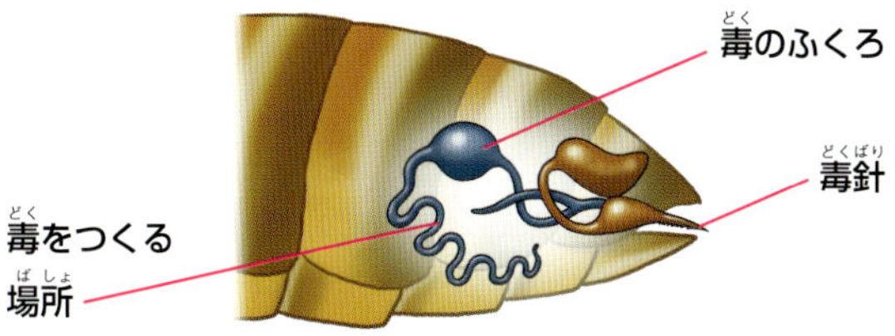

ミツバチの毒針《どくばり》にはこまかいぎざぎざがあり、さされるとぬけにくくなっています。無理《むり》にぬこうとすると、毒針《どくばり》とつながっている毒《どく》のふくろといっしょに、ミツバチの体《からだ》からぬけおち、においを出《だ》してなかまのハチをあつめます。

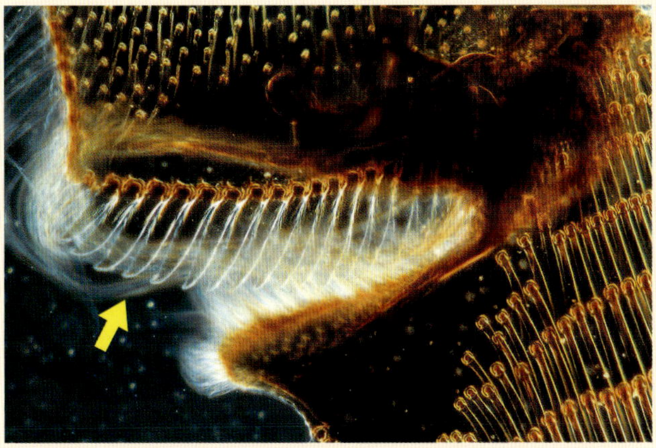

△はたらきバチの後《うし》ろあしのうら側《がわ》。すねの先《さき》の節《ふし》にはびっしりと毛《け》がはえ、すねの節《ふし》のふちには、毛《け》についた花粉《かふん》をすきとるくしのような毛《け》（矢印《やじるし》）があります。

△はたらきバチの後《うし》ろあしの表側《おもてがわ》。すねの節《ふし》は、外側《そとがわ》が長《なが》い毛《け》でかこまれた花粉《かふん》かご（矢印《やじるし》）になっています。花粉《かふん》かごの内側《うちがわ》には毛《け》がなく、つるつるしています。

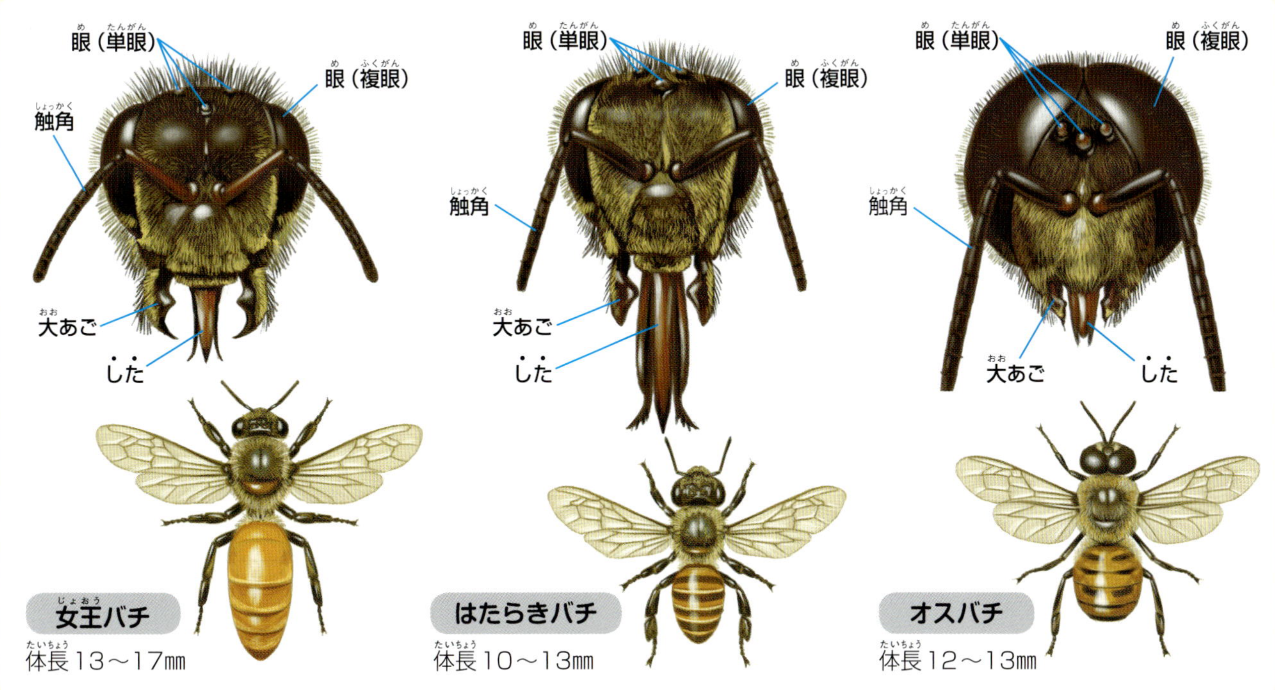

かがやくいのち図鑑《ずかん》

いろいろなハナバチのなかま 1

ミツバチのなかまのハチは、ハナバチとよばれるグループに入《はい》ります。日本《にほん》には350種類《しゅるい》以上《いじょう》のハナバチのなかまがいます。

ニホンミツバチ　はたらきバチの体長《たいちょう》10～13㎜

北海道《ほっかいどう》から九州《きゅうしゅう》の山地《さんち》や林《はやし》などにすんでいます。岩《いわ》のわれめや大木《たいぼく》のあなの中《なか》、屋根《やね》うらなどに巣《す》をつくります。セイヨウミツバチにくらべ、体《からだ》の色《いろ》が黒《くろ》っぽいです。女王《じょおう》バチとオスバチ、はたらきバチがいます。

大木《たいぼく》のあなにつくられたニホンミツバチの巣《す》の出入《でい》り口《ぐち》。丸《まる》の中《なか》の写真《しゃしん》は、木《き》の幹《みき》にむきだしでつくられた巣《す》です。

巣《す》をおそいにきたオオスズメバチと戦《たたか》うニホンミツバチ。たくさんのはたらきバチがスズメバチの体《からだ》に群《むら》がり、体《からだ》の温度《おんど》を上《あ》げて、スズメバチをむし殺《ころ》してしまいます。

コマルハナバチのはたらきバチ

コマルハナバチ

はたらきバチの体長《たいちょう》11～16㎜

北海道《ほっかいどう》から九州《きゅうしゅう》の平地《へいち》から山地《さんち》にすみます。地面《じめん》のすきまなどに巣《す》（写《しゃ》真下《しんした》）をつくります。女王《じょおう》バチとオスバチ、はたらきバチがいます。オスは体《からだ》の色《いろ》が黄色《きいろ》です。

トラマルハナバチ　はたらきバチの体長《たいちょう》10～18㎜

北海道《ほっかいどう》から九州《きゅうしゅう》の平地《へいち》から山地《さんち》にすみます。地面《じめん》のすきまなどに巣《す》をつくります。女王《じょおう》バチとオスバチ（写《しゃ》真上《しんうえ》）、はたらきバチがいます。はたらきバチは体《からだ》の色《いろ》が黒《くろ》く、しりだけが黄色《きいろ》です。

クマバチ　体長《たいちょう》20～23㎜

北海道《ほっかいどう》から九州《きゅうしゅう》の平地《へいち》から山地《さんち》の林《はやし》にすみます。メスとオス（写《しゃ》真左《しんひだり》）がいますが、体《からだ》の色《いろ》はほとんど同《おな》じです。メスには胸部《きょうぶ》の中央《ちゅうおう》の黒《くろ》い毛《け》がありません。花《はな》のつけね近《ちか》くをかみやぶって、みつをすうこともあります。メスは、かれた木《き》にあなをほって、いくつかの部屋《へや》（写真下《しゃしんした》）をつくり、その中《なか》に１つずつ卵《たまご》を産《う》みます。部屋《へや》には花粉《かふん》とみつをねってつくった花粉《かふん》だんごがおかれ、幼虫《ようちゅう》はこれを食《た》べて成長《せいちょう》します。

クズハキリバチ　体長《たいちょう》17～20㎜

本州《ほんしゅう》と九州《きゅうしゅう》の平地《へいち》から山地《さんち》の林《はやし》にすみます。古《ふる》い木《き》のあなや竹《たけ》づつなどの中《なか》に巣《す》をつくります。クズの葉《は》をかみ切《き》って（写《しゃ》真上《しんうえ》）巣《す》にはこび、花粉《かふん》だんごの上《うえ》に卵《たまご》をうんで、それを切《き》ってきたクズの葉《は》でつつんでつつのようにします（写真下《しゃしんした》）。

バラハキリバチ　体長《たいちょう》10～12㎜

本州《ほんしゅう》から沖縄《おきなわ》の平地《へいち》から山地《さんち》にすみます。古《ふる》い木《き》や竹《たけ》づつ、土《つち》の中《なか》などに巣《す》をつくります。バラなどの葉《は》や花《はな》びらをかみ切《き》って巣《す》にはこび、花粉《かふん》だんごの上《うえ》に卵《たまご》をうみ、それを切《き》ってきた葉《は》や花《はな》びらでつつんでつつのようにします。

かがやくいのち図鑑《ずかん》

いろいろなハナバチのなかま 2

ハナバチのなかまは、幼虫《ようちゅう》の食《た》べ物《もの》として、花《はな》のみつや花粉《かふん》を巣《す》にたくわえるという性質《せいしつ》をもっています。

コツノツツハナバチ　体長《たいちょう》8～11㎜

マメコバチともよばれます。北海道南部《ほっかいどうなんぶ》と本州《ほんしゅう》の平地《へいち》から山地《さんち》にすみます。セイヨウミツバチににていますが、やや小型《こがた》で、体《からだ》の毛《け》が長《なが》く、触角《しょっかく》が長《なが》いのが特徴《とくちょう》です。メスはかれた木《き》のあなや竹《たけ》づつなどの中《なか》に、土《つち》でしきった部屋《へや》をつくり、その中《なか》に１つずつ卵《たまご》を産《う》みます。部屋《へや》には花粉《かふん》とみつをねってつくった花粉《かふん》だんごがおかれ、幼虫《ようちゅう》はこれを食《た》べて成長《せいちょう》します。このハチは、本州《ほんしゅう》ではリンゴなどの花《はな》を受粉《じゅふん》させるために、セイヨウミツバチと同《おな》じように果樹園《かじゅえん》で飼育《しいく》され、利用《りよう》されています。

腹部《ふくぶ》にたくさんの花粉《かふん》をつけて巣《す》にもどってきたメス。

リンゴ畑《ばたけ》におかれたコツノツツハナバチの巣箱《すばこ》。

竹《たけ》づつの中《なか》につくられたコツノツツハナバチの巣《す》の断面《だんめん》。

アカガネコハナバチ　体長《たいちょう》7〜８㎜

本州《ほんしゅう》から九州《きゅうしゅう》の平地《へいち》から山地《さんち》にすみます。土《つち》の中《なか》に、いくつかの部屋《へや》がある巣《す》をつくって１個《こ》ずつ花粉《かふん》だんごをおき、そこに卵《たまご》を産《う》みます。母《はは》バチが卵《たまご》を産《う》み、娘《むすめ》のハチと共同《きょうどう》で子育《こそだ》てをします。体《からだ》の色《いろ》が金色《きんいろ》で、美《うつく》しいハチです。

ウツギヒメハナバチ　体長《たいちょう》10〜13㎜

本州《ほんしゅう》から九州《きゅうしゅう》の平地《へいち》のウツギの木《き》のまわりにすんでいます。ウツギ（写真右《しゃしんみぎ》）やヒメウツギの花《はな》から、みつと花粉《かふん》をあつめます。土《つち》の中《なか》に、１部屋《へや》がある巣《す》（写真下《しゃしんした》）をつくって花粉《かふん》だんごを１個《こ》おき、そこに卵《たまご》を産《う》みます。

さくいん

この本《ほん》で使《つか》っていることばの意味《いみ》

羽化《うか》　昆虫《こんちゅう》が成虫《せいちゅう》になること。ハチやアブ、カブトムシやクワガタムシ、チョウやガなどでは、さなぎのからから成虫《せいちゅう》が出《で》てくることをいいます。セミやカメムシ、トンボ、バッタなど、さなぎの時期《じき》がない昆虫《こんちゅう》では、最後《さいご》の脱皮《だっぴ》を終《お》えた幼《よう》虫《ちゅう》（終齢幼虫《しゅうれいようちゅう》）から成虫《せいちゅう》が出《で》てくることをいいます。

大《おお》あご　昆虫《こんちゅう》やクモ、ダンゴムシ、エビやカニ、ムカデやヤスデなどの口《くち》にある、きばのような器官《きかん》。もともとはあしであった部分《ぶぶん》から発達《はったつ》した器官《きかん》なので、左右《さゆう》で1対《つい》になっています。食物《しょくもつ》をかじるほか、敵《てき》をこうげきするために使《つか》われることもあります。

花粉《かふん》かご　花粉《かふん》バスケットともいいます。ミツバチのなかまの後《うし》ろあしにある、あつめた花粉《かふん》をはこぶときに使《つか》う器官《きかん》。すねの節《ふし》の表側《おもてがわ》にあり、まわりが長《なが》い毛《け》でかこまれている部《ぶ》分《ぶん》をさします。体《からだ》の毛《け》についた花粉《かふん》を、後《うし》ろあしのうら側《がわ》にあるブラシのような毛《け》であつめ、すねの節《ふし》のふちにくしのようにならんだ毛《け》ですきとります。あつまった花粉《かふん》はすねの先《さき》の節《ふし》とすねの節《ふし》のあいだに入《い》れ、関節《かんせつ》をまげると、その力《ちから》で花粉《かふん》かごに花粉《かふん》がおしこまれ、花粉《かふん》だんごができます。

さなぎ　ハチやアブ、カブトムシやクワガタムシ、チョウやガなどの昆虫《こんちゅう》でみられる、幼虫《ようちゅう》から成虫《せいちゅう》になるあいだにみられる状態《じょうたい》。これらの昆虫《こんちゅう》では、幼虫《ようちゅう》と成虫《せいちゅう》の体《からだ》の形《かたち》やしくみが大《おお》きくちがっています。ですから、いったん幼虫《ようちゅう》の体《からだ》をこわし、成虫《せいちゅう》の体《からだ》につくりかえる必要《ひつよう》があります。さなぎは、成虫《せいちゅう》の体《からだ》を入《い》れるための型《かた》のようなもので、どろどろになった幼虫《ようちゅう》の体《からだ》がその型《かた》に入《い》れられ、そこに成虫《せいちゅう》の体《からだ》がつくられていきます。さなぎの期間《きかん》に衝撃《しょうげき》や振動《しんどう》を受《う》けると、成虫《せいちゅう》の体《からだ》をつくるしくみがくるってしまい、成虫《せいちゅう》になれないことがあります。ミツバチのように、さなぎになるときに幼虫《ようちゅう》が糸《いと》をはいてまゆをつくり、その中《なか》でさなぎになるものもいます。

受粉《じゅふん》　花《はな》のめしべの先《さき》におしべでつくった花粉《かふん》がつくこと。受粉《じゅふん》によって、花粉《かふん》が花粉管《かふんかん》をのばし、めしべのつけねにある卵《たまご》について受精《じゅせい》し、種子《しゅし》がつくられます。風《かぜ》によって花粉《かふん》がはこばれる植物《しょくぶつ》もありますが、美《うつく》しい花《はな》びらをもつ花《はな》のおくは、みつを吸《す》いにやってきた昆虫《こんちゅう》の体《からだ》に花粉《かふん》がつき、めしべにはこばれるしくみになっています。

脱皮《だっぴ》　外骨格《がいこっかく》をもつ動物《どうぶつ》が、成長《せいちょう》するために全身《ぜんしん》の古《ふる》いからをぬぎすて、新《あたら》しいからを身《み》にまとうようになること。古《ふる》いからの下《した》にできた新《あたら》しいからは、最初《さいしょ》はやわらかいので、脱《だっ》皮《び》をした直後《ちょくご》にのびて、体《からだ》が大《おお》きくなることができます。昆《こん》虫《ちゅう》は幼虫《ようちゅう》のときに数回脱皮《すうかいだっぴ》をし、成虫《せいちゅう》になると脱皮《だっぴ》しなくなります。セイヨウミツバチは、幼虫《ようちゅう》のときに4回脱皮《かいだっぴ》をして、そのつぎの脱皮《だっぴ》ではさなぎになります。

8の字《じ》ダンス　しりふりダンスともいいます。セイヨウミツバチやニホンミツバチが、自分《じぶん》がみつけた花《はな》の場所《ばしょ》を巣《す》のなかまに教《おし》えるためにおこなう行動《こうどう》。横《よこ》にたおした8の字《じ》をえがくように動《うご》くために、こうよばれます。はじめに腹部《ふくぶ》をはげしくふりながら、8の字《じ》の中央《ちゅうおう》の直線部分《ちょくせんぶぶん》を歩《ある》き、そこから右《みぎ》まわりに円《えん》をえがくように歩《ある》き、ふたたび直線部分《ちょくせんぶぶん》を歩《ある》くと、つぎには左《ひだり》まわりに円《えん》をえがくように歩《ある》きます。この行動《こうどう》を何度《なんど》かくりかえすことで、まわりにあつまったはたらきバチに、花《はな》のある方向《ほうこう》と、そこまでの距離《きょり》をつたえます。巣《す》のま上《うえ》の方向《ほうこう》を巣《す》からみた太陽《たいよう》の方向《ほうこう》として、直線部《ちょくせんぶ》分《ぶん》のかたむきの角度《かくど》で、花《はな》が太陽《たいよう》の方向《ほうこう》からどれだけの角度《かくど》にあるかをしめします。また、8の字《じ》を何回《なんかい》えがくかによって、花《はな》までの距離《きょり》をつたえます。分封《ぶんぽう》のときに、新《あたら》しい巣《す》になる場所《ばしょ》をつたえるのにも使《つか》われます。

分封《ぶんぽう》　セイヨウミツバチやニホンミツバチの女王《じょおう》バチが、せまくなった巣《す》を自分《じぶん》の子《こ》にあけわたし、新《あたら》しい巣《す》をつくるために巣《す》を出《で》ること。春《はる》の終《お》わりから夏《なつ》のはじめの晴《は》れた日《ひ》にみられます。巣《す》がせまくなり、それ以上《いじょう》はたらきバチをふやすことができなくなると、女王《じょおう》バチは卵《たまご》を産《う》むのをひかえ、はたらきバチに新《あたら》しい女王《じょおう》バチが育《そだ》つための王台《おうだい》という部屋《へや》をつくらせ、そこに卵《たまご》をうみます。王台《おうだい》から新《あたら》しい女王《じょおう》バチが羽化《うか》する直前《ちょくぜん》になると、はたらきバチがいっせいに巣《す》を出《で》て、それといっしょに、女王《じょおう》バチやオスバチも巣《す》の外《そと》に出《で》ます。はたらきバチが新《あたら》しい巣《す》をつくれそうな場所《ばしょ》をさがしだすと、女王《じょおう》バチは外《そと》に出《で》たハチの半分《はんぶん》ほどをひきつれて移動《いどう》し、新《あたら》しい巣《す》をつくってくらします。

蜜胃《みつい》　セイヨウミツバチやニホンミツバチの体内《たいない》にある、みつをためるためのふくろのような器官《きかん》。口《くち》と腸《ちょう》のあいだにあり、口《くち》からすったみつがここにたまると、大《おお》きくふくれます。蜜胃《みつい》と腸《ちょう》のあいだにはべんがあって、みつがたまるとべんがとじ、腸《ちょう》にはこばれないようになっています。

NDC 486

藤丸篤夫

科学のアルバム・かがやくいのち 4

ミツバチ

花にあつまる昆虫

あかね書房 2020

64P 29cm × 22cm

■監修　岡島秀治

■写真　藤丸篤夫

■文　大木邦彦（企画室トリトン）

■編集協力　企画室トリトン（大木邦彦・堤 雅子）

■写真協力　アマナイメージズ

p10 右下　高橋 孜

p39 下　栗林 慧

p57 右上　栗林 慧

p57 右下　栗林 慧

p57 左下　今泉忠明

p58 右上２段目　新開 孝

■イラスト　小堀文彦

■デザイン　イシクラ事務所（石倉昌樹・隈部瑠依）

■撮影協力　市川養蜂場

■参考文献

・D.コックス=フォスター, D.ファンエンゲルスドープ（2009）. 蜂群れ崩壊症候群ー消えたミツバチの謎. 日経サイエンス日本版, 39（7）, 32-41.

・佐々木正己, 鶴田華奈, 松岡こよみ（2007）, ミツバチは採餌対象が蜜か花粉かの認識を出巣前にダンス情報から得ている, 日本応用動物昆虫学会大会講演要旨, 51, 147.

・ミツバチノート, 玉川大学ミツバチ科学研究センターホームページ, http://www.tamagawa.ac.jp/HSRC/contents/beenote.htm

・マメコバチ研究所ホームページ, http://park1.wakwak.com/~mameko-bachi/biology.htm

科学のアルバム・かがやくいのち 4

ミツバチ 花にあつまる昆虫

2010年３月初版　2020年10月第５刷

著者　藤丸篤夫

発行者　岡本光晴

発行所　株式会社　あかね書房

〒101-0065　東京都千代田区西神田３－２－１

03-3263-0641（営業）　03-3263-0644（編集）

https://www.akaneshobo.co.jp

印刷所　株式会社 精興社

製本所　株式会社 難波製本

ISBN978-4-251-06704-3